ÜBER DIE SEELENVERFASSUNG DER STERBENDEN

VON

PROFESSOR DR. L. R. MÜLLER
VORSTAND DER MED. KLINIK IN ERLANGEN

BERLIN
VERLAG VON JULIUS SPRINGER
1931

ISBN-13: 978-3-642-98380-1   e-ISBN-13: 978-3-642-99192-9
DOI: 10.1007/978-3-642-99192-9

ALLE RECHTE, INSBESONDERE DAS DER ÜBERSETZUNG
IN FREMDE SPRACHEN, VORBEHALTEN.
COPYRIGHT 1931 BY JULIUS SPRINGER IN BERLIN.

Der *Selbsterhaltungstrieb*, den die Natur in alle Lebewesen gelegt hat, veranlaßt sie, Schädigungen, denen ihr Körper ausgesetzt wird, nach Möglichkeit aus dem Wege zu gehen. Bei Tieren, denen ein Großhirn zur Verfügung steht, werden drohende Gefahren *Angstzustände* auslösen, die Abwehr- oder Fluchtbewegungen zur Folge haben. Dem denkenden Menschen allein ist die Furcht vor der Vernichtung, vor dem Aufhören des Lebens, die *Furcht vor dem Tode* vorbehalten.

Worte wie „Todesangst", „Todespein", „Todesnot" geben beredt Ausdruck, daß der Mensch sich den Übergang des Lebens in den Tod, also das Sterben qualvoll vorstellt.

Als Kind lernten wir mit Paul Eber[1] schon beten:

„Wenn ich nun komm in *Sterbensnot*
Und *ringen* werde *mit dem Tod*,
Wenn mir vergeht all mein Gesicht
Und meine Ohren hören nicht,
Wenn meine Zunge nichts mehr spricht
Und mir vor *Angst mein Herz zerbricht*,
Wenn mein Verstand sich nichts mehr b'sinnt
Und mir all menschlich Hilf zerrinnt,
So komm Herr Christe mir behend
Zu Hilf an meinem letzten End
Und führ mich aus dem Jammertal,
Verkürz mir auch des Todes Qual."

Ja der Mensch leidet, so lange er im Kampfe ums Dasein steht, d. h. so lange er lebt, unter der Angst vor dem Tode, und der gläubige Christ bittet, wenn er den Tod soll leiden, mit Paul Gerhardt[2] den Gekreuzigten:

„Wann mir am *allerbängsten* wird um das *Herze* sein,
So reiß mich aus den *Ängsten* kraft Deiner Angst und Pein."

---

[1] 1511—1549.   [2] 1607—1676.

Die Angst vor dem Tode wird freilich je nach der seelischen Veranlagung, nach der Form der Erziehung und nach der Stimmungslage und dem Alter eine verschiedene sein. Der Leichtsinnige redet sich ein, weder „Tod noch Teufel" zu fürchten, der Schwerblütige, der Hypochonder wird vor beständiger Todesangst seines Lebens nicht froh. Mit solchen ängstlichen, um sich besorgten Menschen haben wir Ärzte es vielfach zu tun. Bald suchen sie unseren Rat nach, weil sie einen Schlaganfall befürchten, bald glauben sie, daß ein Herzleiden ihr Leben bedrohe oder daß ein inneres Leiden an ihrem Marke zehre. Solche Kranke, wir bezeichnen sie als Nosophoben, als Krankheitsfürchter, sind seelisch sehr beeinflußbar. Es genügt, daß sie von einem schweren, zum Tode führenden Leiden hören oder lesen, und sie glauben schon die Symptome dieser Krankheit auch bei sich feststellen zu können.

So kann ich von einem Herrn berichten, der wegen Abmagerung, wegen Erbrechens und wegen Magenbeschwerden in meine Behandlung kam. Die Aufnahme der Vorgeschichte ergab nun, daß sein Vater an einem Magenkrebs elend zugrunde gegangen war und daß er selbst befürchtete, dasselbe Leiden möchte auch ihm ein frühes Ende bereiten. Als unser eingebildeter Kranker beruhigt war, ließen die Magenbeschwerden und das Erbrechen rasch nach und das Körpergewicht hob sich wieder. Freilich ein Nosophob oder besser ein Thanatophob, ein Todesfürchter blieb unser Patient. Er läßt keine Gelegenheit vorübergehen ohne sich ein tödliches Leiden einzubilden. Ein Kehlkopfkatarrh ist für ihn der Anfang der Kehlkopfschwindsucht, ein Schwindel der Vorbote eines Gehirnschlages, und eine Pulsbeschleunigung oder gar eine vorübergehende Pulsunregelmäßigkeit läßt ihn eine tödliche Herzerkrankung befürchten.

Manche Beispiele von schwerer Nosophobie und von ständiger Thanatophobie könnte ich noch anführen. Gerade unter den Ärzten finden sich viele, die eigene körperliche Störungen prognostisch ungünstig einschätzen, wissen sie doch aus Erfahrung, daß manchmal harmlos erscheinende Erkrankungen zu tödlichem Ausgang führen. Und bei der

Beurteilung von Erkrankungen des eigenen Subjektes verläßt uns eben die notwendige Objektivität; unbewußt spielt die uns innewohnende Todesfurcht eine Rolle.

Bei den Thanatophoben, d. h. bei den unter beständiger Todesangst leidenden Menschen handelt es sich weniger um die Angst vor den „Schrecken" und vor den „Qualen" des Todes als um die Sorge, das Leben könne vorzeitig abgeschlossen werden.

Wie sehr das Wort „Kampf ums Dasein" für unser Leben zutrifft, ist daraus zu entnehmen, daß vielfach Menschen beim Tode eines Gleichaltrigen oder gar beim Tode eines jüngeren „Lebenskonkurrenten" das Gefühl der Überlegenheit empfinden. Ja, es gibt nicht wenige, denen das Lesen der Todesanzeigen das befriedigende Gefühl verleiht im Leben noch ihren Mann zu stellen. Bei der Todesnachricht eines Gleichaltrigen oder eines Jüngeren haben sie die Empfindung eines glücklichen Rivalen, der im Lebenskampfe gesiegt hat. Von alten Leuten ist es bekannt, wie wenig sie von dem Tode gleichaltriger Freunde berührt werden, auch dann, wenn diese ihnen recht nahe standen.

Die Angst vor dem Tode, die Sorge vor dem „Vorzeitigabberufen-werden" veranlaßt manche Menschen alles das, was an den Tod erinnern könnte, zu meiden. Und zwar sind es vor allem Männer der Tat, die sich verbitten, daß in ihrer Gegenwart vom Sterben gesprochen wird, die ungern auf Friedhöfe gehen, sich weigern, an Todesfeierlichkeiten teilzunehmen, und die nicht dazu zu bringen sind Verfügungen zu treffen, was im Falle ihres Ablebens zu geschehen habe.

Merkwürdigerweise verhalten sich dieselben Menschen, welche ihr ganzes Leben unter Krankheits- und Todesfurcht gelitten haben, dann, wenn sie wirklich ernstlich krank sind und mit dem Ableben zu rechnen haben, meist ganz anders. Nun suchen sie sich selbst, aber auch ihre Umgebung über die Schwere der Erkrankung wegzutäuschen. Ärzte, die ihren Zustand auf Grund von Erfahrungen wohl beurteilen könnten, sind dann in Beziehung auf ihre eigene Erkrankung nicht weniger kritiklos als Laien.

Ein Arzt eines Pathologischen Institutes, der schon viele Leichenöffnungen von Tuberkulösen vorgenommen hatte und der selbst an rasch fortschreitender Lungenschwindsucht erkrankt war, äußerte mir gegenüber die Absicht, nun nach Reichenhall zu fahren, um dort endlich seinen hartnäckigen „Brustkatarrh" zur Ausheilung zu bringen. Kurz nachdem der hochfiebernde, schwerkranke Mann dorthin verbracht war, erlag er seinem schweren Lungenleiden, das er bis zu seinem Tode nicht als solches anerkannt hatte.

Ein Lehrer der Inneren Medizin, der an einem Darmkrebs hoffnungslos erkrankt war, sprach die durch die Bauchdecken fühlbaren harten Krebsknoten als Kotstauungen an.

Einer der führenden Männer der bayerischen Industrie, der an einem unheilbaren Magenleiden litt, versicherte mir bei einem Besuche in einem Badeorte, wie rasch sich sein Befinden und sein Appetit in der letzten Zeit gebessert habe. Als er bei dem gemeinschaftlichen Abendessen kaum Speisen zu sich nehmen konnte und selbst das Wenige noch erbrechen mußte, schob er dies auf die „miserable Hotelküche". Um seiner Umgebung und sich selbst zu demonstrieren, daß er nicht ernstlich krank sei, drängte er bald wieder nach Hause „an die Arbeit" um dann dort wirklich noch sich an das Pult zu setzen und — zu sterben, ohne jemals seinen Angehörigen gegenüber eine Äußerung über seinen bevorstehenden Tod gemacht zu haben.

Wie ängstlich Schwerkranke es zu vermeiden suchen, die Wahrheit über ihren Zustand zu erfahren und wie sehr sie es erhoffen aus dem Munde des Arztes beruhigende Auskunft zu bekommen, das lehrte mich eine Offiziersfrau, die an einem fortgeschrittenen Brustkrebs mit Tochtergeschwülsten in der Achselhöhle leidend, mir kurz vor ihrem Tode mit der Frage: „Nicht wahr, Herr Doktor, es ist doch kein Brustkrebs" eine beruhigende Antwort in den Mund legte. Dabei hatte die betreffende Dame früher auf chirurgischen Abteilungen gepflegt, hätte also über die Art ihrer Erkrankung unterrichtet sein müssen. Dringend bat sie darum, daß ihr im Felde stehender Mann und ihr Sohn nicht an ihr Krankenbett gerufen würden, hatte sie doch Sorge, ihre Anverwandten könnten ihr ansehen, wie schwer sie erkrankt sei und so starb sie allein ohne sich bis zum Eintritt der Bewußtseinstrübung den Ernst ihres Leidens klargemacht zu haben.

Ganz ähnliche Erfahrungen machte ich vor wenigen Wochen bei einem Kaufmann aus Deutsch-Böhmen, der wegen eines Leberleidens die Erlanger Klinik aufsuchte. Mit jeder der vorgenommenen Bauchpunktionen wurde sein körperlicher Zustand schlechter, er verfiel sichtlich. Die Hoffnung auf Genesung gab er aber nicht auf. Als wenige Tage vor seinem Tode sein Seelsorger ihm den Vorschlag machte, sich versehen zu lassen, wies er dies erschrocken mit der Begründung zurück, so schwer krank sei er doch nicht.

Kurz vor dem Tode klagte er dem Arzte mit tonloser Stimme, daß er nicht mehr gut hören könne, er ließ sich durch die Zusicherung, daß man den Ohrenarzt bitten wolle, leicht beruhigen und legte sich befriedigt zur Seite. Nach wenigen Stunden löschte sein Lebenslicht aus, ohne daß er sich über seinen Zustand Sorge gemacht hätte.

Der Dichter[1] hat recht, wenn er sagt:

> Denn beschließt er im Grabe den müden Lauf,
> Noch am Grabe pflanzt er — die Hoffnung auf!

So oft wir Ärzte auch von den Anverwandten und von den Zugehörigen der Todkranken nach der Art des Leidens und nach dessen vermutlicher Dauer befragt werden, ich kann mich nicht erinnern, daß der betreffende Kranke *selbst* sich jemals darnach erkundigt hätte, ob sein Leiden wohl tödlich und wie lange die Frist bis zu seinem Tode noch zu bemessen sei. Man sollte doch denken, daß diese Frage in erster Linie den zunächst Beteiligten angehe. Es ist aber eine allgemeine Erfahrung, daß bei langwierigen Erkrankungen, die anfänglich gedrückte Stimmung in eine gewisse Gleichgültigkeit, ja mit Nachlaß der Beschwerden in eine behagliche Lässigkeit und Müdigkeit, in eine Euphorie übergeht. Von dem sterbenden Dichter des eben zitierten Gedichtes „Die Hoffnung" berichtet A. VON GLEICHEN-RUSSWURM[2]:

„Da war es, daß er noch einmal die müde gewordenen Augen aufschlug und mit unerwarteter Lebhaftigkeit sagte: ‚Nun würden ihm viele Dinge ganz klar und ganz verständlich. Mit dieser sieghaften Freude an gewon-

---

[1] SCHILLERS Gedicht: Die Hoffnung.
[2] SCHILLER: Die Geschichte seines Lebens.

nener Klarheit schlummerte er ein." "Nach dem Erwachen sah er sanft lächelnd in die Höhe, als begrüßte ihn eine tröstende Erscheinung. Gegen Abend verlangte er die Sonne zu sehen. Mit heiterem Blick schaute er in den schönen Abendstrahl. Als Karoline von Wolzogen an sein Bett trat und fragte wie es ihm gehe, sagte er: *„Heitrer, immer heitrer."* In der Nacht darauf phantasierte Schiller, bald trat Besinnungslosigkeit ein, die dann in den Tod überführte.

Die „Seelenverfassung der Sterbenden" kann freilich je nach der Art der Erkrankung, nach der Veranlagung und nach dem *Alter* des Todkranken recht verschiedenartig sein.

Im *physiologischen Tode* wird der Greis auslöschen ohne mit dem Schicksal zu hadern, daß er von der Erde fort muß. Freilich gerne hätte er noch gelebt, aber er ist kampfesmüde geworden. Der Nachlaß der Lebenstriebe und damit der Eßlust, der Lebenslust, die Zunahme der Altersbeschwerden, die Vereinsamung, all das läßt ihn *lebensmüde* werden. Er hat für niemand mehr zu sorgen, ja — es muß für ihn gesorgt werden, er merkt, daß er für seine Angehörigen eine Last ist und so wird ihm der Abschied von dieser Welt, in deren Entwicklung er sich auch nicht mehr recht hineinfinden kann, leicht. Er stirbt gerne.

Anders ist es, wenn der Tod an *jugendliche* Menschen herantritt, bei denen der Lebenstrieb noch ein lebhafter ist und bei denen der Tod Hoffnungen und Pläne zerstört.

Eine junge Studentin der Medizin, die bei fleißiger Arbeit in der Klinik von schweren Blutstürzen überrascht wurde, klammerte sich an die pflegende Krankenschwester und rief dem behandelnden Arzte mit angstverzerrtem Gesichte immer wieder zu: „Ich bin so jung, ich will nicht sterben." Erst die Bewußtseinstrübung löste dann die Todesqualen.

Von dem Kinderarzt Professor Stettner in Erlangen wurde mir berichtet, daß ihn wiederholt schwerkranke Kinder angstvoll gefragt hätten ob sie sterben müßten.

Eine Schülerin des Lehrerinnenseminars in Erlangen, die an einer aufsteigenden Lähmung (Landrysche Paralyse) litt, war sich völlig darüber klar, daß die Lähmung bei Erreichung der Atemmuskeln zum Tode führen müsse. Es war erschütternd für die Eltern und uns dabeistehende Ärzte dem

Mädchen, das bei vollem Bewußtsein mit dem Tode rang und um Hilfe flehte, keine Rettung bringen zu können.

Ähnlich wie beim Alterstod liegen die Verhältnisse bei *Zehrkrankheiten*, so bei der Krebskachexie, bei schweren Blutkrankheiten und bei der langsam verlaufenden Tuberkulose. Mit der „Abzehrung", also mit der Abmagerung und mit der körperlichen Entkräftung sinkt auch die *Leistungsfähigkeit des Gehirns, die Entschlußfähigkeit und die Urteilskraft*. Aus Müdigkeit entziehen sich die Schwerkranken allen ernsteren Entscheidungen, so der Niederlegung des letzten Willens. In einer schwachsinnigen Euphorie beschäftigen sie sich nur mit hoffnungsvollen Gedanken. Es ist mir vorgekommen, daß Schwerkranke, die wegen des bevorstehenden Todes in ein Einzelzimmer verbracht wurden, sich dafür bedankten, daß sie aus dem Saale, in dem „Schwindsüchtige liegen, die es nicht mehr lange treiben", herausgenommen wurden. Die Kranken sind zu schwach um folgerichtige Gedankengänge durchzudenken.

Im Dämmerzustande lockern die Gedanken sich zu Träumen. Die körperlichen Beschwerden werden nicht mehr bewußt empfunden und allmählich gehen die Wachträume in Bewußtseinstrübung und schließlich in tiefe Bewußtlosigkeit über.

In dieser erlöschen zuerst die Haut- und Sehnenreflexe. Schmerzhafte Reize, wie Stiche in die Fußsohle oder in die Fingerbeere, werden aber noch mit Abwehrbewegungen und mit Verzerrung des Gesichtes beantwortet. Auch der Conjunctivalreflex ist meist auch dann noch erhalten, wenn der Puls schon klein und flatterig wird und bald überhaupt nicht mehr zu fühlen ist. Am längsten bleiben die Atemreflexe in Tätigkeit. Freilich der Schleim, der sich in der Luftröhre und im Schlundkopf ansammelt, kann nicht mehr ausgehustet werden, denn dazu bedarf es des Bewußtseins. Es kommt zum Todesrasseln. Die Atmung selbst aber geht noch weiter, auch wenn keine Äußerungen des Willens mehr möglich sind. Für die Umstehenden wird das Bild des Sterbenden jetzt grauenerregend. Das Gesicht wird fahlgrau und verzieht sich zuweilen schmerzhaft. Mit den seltener werdenden Atembewegungen, mit dem Erlöschen des Conjunctivalreflexes und mit dem Eintrocknen der Hornhaut verlieren die Augen ihren Glanz. Nach längerer Pause noch ein tiefer gurgelnder Atemzug, eine Schluckbewegung, und nun ist als letztes auch die Reflexerregbarkeit des Atemzentrums erloschen.

Daß bei *Gehirnkrankheiten*, wie bei Geschwülsten, die sich in der Schädelkapsel entwickeln oder bei Blutungen oder Erweichungen im Gehirn die *Seelentätigkeit* bald beeinträchtigt wird, ist naheliegend. Solche Gehirnkranke werden sich nicht viel Gedanken darüber machen können, daß ihr Leben bedroht ist. Je näher die Erkrankung den Stammganglien am Boden des Gehirns gelegen ist, desto mehr wird das Bewußtsein getrübt sein. Dies ist vor allem dann der Fall, wenn das Schlafregulationszentrum in den hinteren Teilen der dritten Hirnhöhle betroffen wird. Dann kommt es zu Schlafzuständen, aus denen die Kranken aber noch zu erwecken sind. Vielfach geht aber die anfängliche Bewußtseins*trübung* schon bald in tiefe Bewußt*losigkeit* über, und die Patienten, die anfänglich nur über Kopfweh klagten und die später auf laut und eindringlich gestellte Fragen noch zögernd und müde Antwort gaben, sind dann gar nicht mehr zugänglich. Durch Stöhnen und durch Greifen nach dem Kopfe verraten sie vielleicht, daß sie durch Kopfschmerzen gequält werden, sie sind aber nicht mehr imstande, ihren Beschwerden Ausdruck zu verleihen. Die Entleerung von Harn und Stuhl kann vom Gehirn aus nicht mehr geregelt werden. Die tiefe Bewußtlosigkeit braucht, das lehrt uns die Narkose, nicht in den Tod überzugehen. Das wird aber der Fall sein, wenn durch den Krankheitsprozeß im Gehirn oder an den Gehirnhäuten die lebenswichtigen Ganglienzellgruppen in der Umgebung der dritten Gehirnhöhle oder am Boden des vierten Ventrikels geschädigt werden, oder wenn infolge langen Liegens oder durch Verschlucken sich Entzündungen in den hinteren unteren Lungenpartien entwickeln.

Ganz ähnlich wie bei Gehirnkrankheiten liegen die Verhältnisse bei den schweren Gehirnstörungen, die sich im Anschluß an die *Selbstvergiftungszustände* (Autointoxikation), bei der Harnvergiftung und bei der Zuckerkrankheit im Coma einstellen. Auch in diesen Fällen können sich die Kranken über den Ernst ihres Zustandes nicht klar werden. Die anfängliche Benommenheit geht allmählich in Bewußtlosigkeit über. Von Zuckerkranken, die aus schwerem Coma diabeticum durch große Insulinverabreichung wieder zum Bewußtsein gebracht wurden, erfahren wir, daß *der Eintritt der Bewußtseinstrübung mit keinerlei Angst oder Beklemmungszuständen und nicht mit Todesahnungen verbunden war.*

Mit dem raschen Einsetzen einer mangelhaften Blutversorgung des Gehirns, mit der *Ohnmacht*, stellen sich vielfach flüchtige Todesahnungen ein. Das Auftreten von Totenblässe, von Schwindel und von Sehstörungen, sowie von Übligkeit und von kalten Schweißen löst Äußerungen wie: mir ist es „*totschlecht*" oder mir ist es „*zum Sterben übel*" aus.

Das Gehirn ist aber auch zu wenig durchblutet, zu müde, um ernstliche Sorgen wegen Gefährdung des Lebens aufkommen zu lassen.

Ähnliche Empfindungen vom Versagen der Lebenskraft und von Hinfälligkeit können auch bei überfülltem Magen mit dem „Schlechtwerden" vor dem Erbrechen oder bei Gleichgewichtsstörungen mit der Seekrankheit sich einstellen. Mit der körperlichen Schwäche ist dann aber kein Angstzustand verbunden, es kommt vielmehr zur Gleichgültigkeit. Für die weitere Entwicklung der Ereignisse wird kein Interesse mehr aufgebracht und selbst der Todesmöglichkeit wird ruhig entgegengesehen.

Leute, die auf See bei einem Sturme an schwerer Seekrankheit gelitten haben, berichten übereinstimmend, daß sie keinerlei Todesangst dabei gehabt hätten, sie wären in einen Zustand der völligen Apathie verfallen.

Recht verschiedenartig ist die *Seelenverfassung der an Infektionskrankheiten* zugrunde gehenden Menschen. Es komm vor, daß Kranke, die an einer schweren Lungenentzündung leiden, bis wenige Minuten vor dem Tode bei klarem Verstande bleiben und sich der Schwere ihres Zustandes vol bewußt sind. Der Abschied von den Angehörigen und da Scheiden von der Welt scheint den Todkranken aber doch nicht so schwer zu fallen, wie es der gesunde, arbeits- un lebensfrohe Mensch vermuten möchte.

Eine Beamtenwitwe, die in der schweren Nachkriegszeit mit große Mühen und Entbehrungen zwei Söhne aufzog, berichtete mir, als sie vo einer Lungenentzündung wieder genesen war: „Ich habe wohl gemerkt wie schlecht es um mich stand, als in später Nacht meine Kinder in di Klinik an mein Krankenbett gerufen wurden, aber merkwürdigerweis es wäre mir gar nicht schwer gefallen, von der Welt abzuscheiden, ic hatte vor allem das Bedürfnis nach Ruhe. Auch der Gedanke, daß mein Söhne nun unversorgt wären, beunruhigte mich nicht, ich tröstete mic damit, daß sie sich nun selbst durchhelfen müßten."

Ähnlich erging es dem Schreiber dieser Zeilen als er während de Weltkrieges im fernen Orient am Typhus schwer darniederlag. Auch m war der Gedanke an den Tod durchaus nicht so erschreckend wie i gesunden Tagen, in denen die Sorge für Frau und Kinder, die Hoffnung begonnene Arbeiten zum Abschluß bringen zu können, an das Lebe ketten.

Eine Dame, die erst vor wenigen Wochen eine ungewöhnlich schwer Grippepneumonie in der medizinischen Klinik durchgemacht hatte, gestan mir bei ihrer Entlassung, sie sei anfänglich so elend gewesen, daß sie sic den Tod wünschte, erst mit der Genesung habe sich der Lebensmut un die Lebenslust wieder eingestellt.

Bei den akuten Infektionskrankheiten kommt eben di Beeinflussung des Gehirnes durch die Bakteriengifte, durc das hohe Fieber und durch die Entkräftung in Betracht. I einer Studie „Über die krankhaften Störungen der Lebenstriebe"[1] konnte ich nachweisen, daß mit dem Fieber die Eßlust und der Arbeitstrieb und damit auch der *Lebenstrieb* und die *Lebenslust* sich mindert. Dazu kommt noch die große Müdigkeit und das Ruhebedürfnis; kein Wunder, daß den Schwerkranken der Gedanke, den harten Kampf ums Dasein mit der „ewigen Ruhe" abschließen zu können, kein schreckhafter ist.

In den meisten Fällen von tödlichen, fieberhaften Erkrankungen wird freilich das Bewußtsein schon frühzeitig getrübt. Die Gedanken lösen sich aus der logischen Folge und werden zu flüchtigen Wach-Träumen. Die Kranken sind nicht mehr in der Lage, ihren Zustand richtig zu beurteilen, in Fieberdelirien sprechen sie wirr. Die Benommenheit steigert sich allmählich zur Bewußtlosigkeit und so kommt es, daß Kranke, die an einer bösartigen Grippe oder an Wundrose oder typhösen Erkrankungen leiden, von dem schweren Endkampfe, den ihr Körper mit der Krankheit auszufechten hat, meist nichts wahrnehmen und daß sie nicht mehr fähig sind zu beurteilen, wie schlecht es mit ihnen steht und wie bald der Sensenmann sie abberufen wird. Nur selten sind die an fieberhaften Erkrankungen zugrunde gehenden Menschen so klar bei Bewußtsein, um von ihren Angehörigen Abschied zu nehmen oder gar, wie das in der schönen Literatur geschildert wird — ich möchte an den Sterbensmonolog von Attinghausen in Schillers Tell erinnern — mit den Abschiedsworten noch Ermahnungen an die am Totenbette Weilenden richten zu können. Das Fieber und die dem Fieber zugrunde liegende Intoxikation, die Mattigkeit, die Entkräftung infolge der Nahrungsenthaltung beeinträchtigen das Gehirn des Sterbenden und seine Ur-

---

[1] Vgl. L. R. MÜLLER: Über die krankhaften Störungen der Lebenstriebe. Münch. med. Wschr. 1926, Nr 35 u. 36.

teilskraft so, daß die Gedanken sich nicht mehr geordnet folgen können.

Ganz anders ist die Seelenverfassung der Kranken, die dem Tode ins Auge sehen, ohne daß ihr Gehirn und dessen Urteilskraft durch Bakteriengifte und durch Fieber beeinträchtigt und geschwächt ist.

So müssen Wassersüchtige klaren Kopfes feststellen, daß die Schwellungen der Haut und die Ansammlungen des Wassers in der Bauch- und Brusthöhle in bedrohlicher Weise zunehmen, und daß die Atmung immer mehr und mehr erschwert wird.

BEETHOVEN, der wegen hochgradiger Bauchwassersucht wiederholt angezapft werden mußte, rief in Vorhersicht des Todes den um sein Sterbebett Stehenden zu: ,,Plaudite amici, finita est comoedia." Tragischerweise hat er im Leben nicht den Beifall gefunden, den erst die bewundernde Nachwelt dem Toten zollt.

Lungengeschwülste, bösartige Wucherungen der Schilddrüse verengen mit zunehmendem Wachstum die Luftwege und bringen dem Kranken zum Bewußtsein, daß die Luftzufuhr bald unter das lebensnotwendige Mindestmaß herabgedrückt wird.

Auch die nicht entzündlichen Herzkrankheiten wie die Herzklappenfehler und die Herzmuskelerkrankungen lassen das Sensorium ungetrübt, da kann es zur Atemnot, zur Leberschwellung, zur Harnverhaltung kommen, ohne daß die Kranken in ihrer Denkfähigkeit und in der Beurteilung ihres Zustandes beeinträchtigt wären.

Freilich mit der Zunahme der Blausucht, mit der Einwirkung der Kohlensäureintoxikation auf das Gehirn kommt es schließlich doch auch zu einer gewissen Benommenheit, welche trotz der Kurzatmigkeit die Qualen des Lufthungers nicht mehr bewußt empfinden läßt. Es weichen dann die

Beschwerden der Herzkranken einer schmerzlosen Schläfrigkeit, welche die Beurteilung des Ernstes der eigenen Lage unmöglich macht und die bald in Bewußtlosigkeit und endlich in den Tod übergeht.

Wenn aber ein plötzlicher Herzkrampf scheinbar aus völliger Gesundheit sich einstellt, wenn unerträgliche Schmerzen, die von der Herzgegend ausgehen, die Brust beengen und diese wie ein Zentnerstein beschweren, dann treten mit der Angina pectoris qualvolle Angst- und Beklemmungszustände ein. Von den Kranken, die einen solchen Anfall überstanden haben, wird immer wieder angegeben, daß sie dann die Empfindung des drohenden Todes, ein „Vernichtungsgefühl" hatten.

Ein alter Arzt wurde in meiner Gegenwart von einem schweren Beklemmungsanfall betroffen. Leichenblaß, mit Schweiß auf der Stirn zitierte er mit tonloser Stimme aus dem Gaudeamus:

> Venit mors velociter
> Rapit nos atrociter
> Brevi finietur.

Und wirklich, bald darauf hatte das krampfende, abgearbeitete Herz seine Arbeit für immer eingestellt.

Auch LUTHER war sich seines Zustandes wohl bewußt, als er in Eisleben von heftigen „wehe umb die brust" mit starkem Schweiß befallen wurde. Er äußerte sich seinem Begleiter gegenüber[1]: „Es ist ein kalter Todesschweiß, ich werde sterben, ich werde dahinfahren." „Als er nun fühlet, daß das Ende nicht fern war, sprach er dreimal: Pater in tuas manus commendo tibi spiritum meum, darauf schwieg er still." „Und als er einmal oder zwir in stüblin hin und wider gangen, legt er sich wieder aufs ruhebettlin und nam die Krankheit je mehr und mehr überhand." Er wendete sich auf die Seite und fing an zu schlafen. „Und als wir dem Schlaf nicht vertrauten sondern ihn mit aqua vitae und rosenessig bestrichen und die pulsadern rieben und wir ihm unter Augen leuchteten thet er einen tiefen odem holen und hiermit gab er sanft und in aller stille mit grosser geduld seinen geist auf."

---

[1] Nach J. STRIEDER: Authentische Berichte über LUTHERS letzte Lebensstunden. Bonn: A. Markus & E. Weber.

Freilich nicht immer und bei jedem Kranken gehen die Anfälle von Angina pectoris mit Todesahnungen einher. Die Patienten haben es meist schon im wahren Sinne des Wortes „erlebt", daß solche Herzbeklemmungen wieder abklingen können. Bei ganz schweren Zuständen von Brustenge, die zum Tode führen, sind die körperlichen Qualen so fürchterlich, daß sich die Betroffenen keine Gedanken über das, was droht, machen können. Ebenso wie bei der plötzlich einsetzenden schwersten Atemnot, wie sie infolge von Stimmritzenverlegung auftritt, beherrscht das Denken nur das eine Gefühl des Lufthungers bzw. des Brustschmerzes. Die Qual läßt erst mit dem Schwinden des Bewußtseins nach, und der schwere Kampf endigt dann mit einem friedlichen Tode.

So wie eben geschildert, ist RICHARD WAGNER aus dem Leben in den Tod gegangen. Aus dem 6. Band GLASENAPPS[1], Das Leben RICHARD WAGNERS, ist zu entnehmen, daß WAGNER an Angina pectoris-Anfällen litt, die immer nur zeitweilig seine Rüstigkeit und seine Beweglichkeit lähmten. Infolge dieser Krampfanfälle mußte er dann langsam gehen oder stehenbleiben. Am 13. Februar 1883, mittags 2 Uhr, meldete der Diener, „der gnädige Herr fühlt sich nicht ganz wohl". Seine Frau eilte zu ihm und kam mit der Nachricht zurück: „Mein Mann hat seinen Krampf, und zwar ein wenig stark, aber es war besser, daß ich ihn allein ließ." WAGNER saß an dem Schreibtisch und schien den Ausgang wie so oft ruhig abwarten zu wollen. So furchtbar jedoch wie diesmal, berichtete die Dienerin, habe er noch nie geächzt und gestöhnt. Vor Schmerzen kaum der Sprache mächtig, rief er nach seiner Frau. Diese fand ihn bereits im heftigsten Ringen. Die sonst in ähnlichem Falle wohltuenden warmen Umschläge wies er diesmal zurück, und seine Ausrufe eines großen Schmerzes und schwerer Beklemmung waren mehr ein Stöhnen als ein Sprechen zu nennen. Ermattet ließ er sich auf eine Ruhebank nieder und lehnte sich an seine Frau. Danach schloß er ermattet die Augen. Sein letzter Blick, der nur Milde, Güte, Frieden war, wurde von ihr, deren Blick den seinen begegneten, aufgenommen. Noch hütete sie diesen sanften Schlummer, aber er war bereits in ahnungslosen Frieden für ewig entschlafen."

---

[1] Das Leben RICHARD WAGNERS in 6 Bänden, dargestellt von F. GLASENAPP: 6 (1877 bis 1883). Leipzig: Breitkopf & Co. 1911 u. 1923.

„Ahnungslos" sterben auch die Menschen, deren Leben durch ein schlagartig einsetzendes Versagen des Herzens durch einen „Herzschlag" plötzlich beendet wird. Fast täglich können wir in den Tageszeitungen von Fällen lesen, bei denen jemand mitten in der Arbeit oder auf der Straße oder zu Hause bei Tisch ohne weitere Vorboten, ohne Zeichen des Schmerzes oder der Qual tot umgesunken ist. Meist ist dann eine plötzliche Verstopfung der den Herzmuskel versorgenden Kranzgefäße verantwortlich zu machen. Ebenso kann das Bersten der Herzwand oder eine Embolie der Lungenschlagader durch ein großes Blutgerinnsel, das sich aus einer thrombosierten Vene losgelöst hat, die Ursache des „schlagartig" einsetzenden Todes sein.

Aber auch durch einen *Gehirnschlag* kann der Mensch plötzlich „niedergestreckt" werden. Dieser wird freilich nur dann schlagartig töten, wenn die im verlängerten Marke oder an der Basis des Gehirns befindlichen Lebenszentren, welche die Lebensvorgänge der inneren Organe zu regeln haben[1], betroffen wurden. Störungen der Blutversorgung dieser Zentren oder gar gewaltsame Zerstörung des Nervengewebes dort vielleicht durch eine Kugel bedingen *sofortigen* Tod.

Beschränkt sich aber die Apoplexie auf nicht lebenswichtige Teile des Gehirns, so kann das Leben wohl erhalten bleiben. Freilich die Beurteilungsfähigkeit des eigenen Zustandes wird durch die Ausschaltung von Teilen des Gehirns, durch Erhöhung des Gehirndruckes infolge der Blutung doch sehr beeinträchtigt. Die Betroffenen können sich glücklicherweise keine ernsten Gedanken über ihren traurigen Zustand machen. Das Bewußtsein ist erloschen oder min-

---

[1] Vgl. L. R. MÜLLER: Lebensnerven und Lebenstriebe. 3. Aufl. Berlin: Julius Springer 1931.

destens stark getrübt, und damit ist auch die Ausdrucksfähigkeit, die Sprache, behindert.

Aus unseren bisherigen Ausführungen kann entnommen werden, daß die Seelenverfassung der Sterbenden vor allem von dem Zustand des Gehirns abhängt. Ist dieses durch hohes Alter oder durch eine langwierige Zehrkrankheit geschwächt, so wird das psychische Verhalten der Moribunden ein anderes sein, als wenn das nervöse Zentralorgan unter der Einwirkung von hohem Fieber und von Bakterientoxinen oder von Stoffwechselgiften steht. Wiederum anders verhalten sich die Patienten, deren Gehirn selbst erkrankt ist oder dessen Funktion durch Störung der Blutzirkulation beeinträchtigt wird.

Wir wollen nun die seelische Verfassung der Menschen besprechen, die in *körperlicher und geistiger Gesundheit* sich dem Tode gegenüber sehen und sich der Gefahr, in der ihr Leben sich befindet, klaren Verstandes wohl bewußt sind. Da drückt sich die Todesangst, die Verzweiflung schon in dem verzerrten, schreckensbleichen Gesichte aus, die Lider werden weit aufgerissen, die Augen treten vor, und dem geöffneten Munde entringt sich ein *Angstschrei*, oder die Stimme versagt vor Schreck:

Obstipui steteruntque comae et vox faucibus haesit

(Ich war wie erstarrt, die Haare standen mir zu Berge und die Stimme versagte) läßt Vergil Aeneas sagen, als er durch die Schatten von Gestorbenen erschreckt wurde.

Der Ausdruck des Schreckens und des Entsetzens wird um so lebhafter sein, je plötzlicher die lebensbedrohenden Ereignisse eintreten. Weckt den Schlafenden das Geräusch des Einbrechers, oder steigt dem Ertrinkenden das Wasser „bis zum Halse", kann dem andringenden Feuer nur durch einen Todessprung aus großer Höhe entronnen werden, oder gehen gar Gewalteinwirkungen, wie dies beim Erdrosseln oder beim Erschlagen der Fall ist, noch mit körperlichen Beeinträchtigungen, mit Atemnot oder mit Schmerzen einher, dann wird zu der seelischen Todesangst noch die körperliche Todesqual kommen. Dies ist deshalb so „fürchterlich", weil ein *gesundes* Gehirn befallen wird, das nicht durch hohes Fieber, durch Bakterien- oder Stoffwechselgifte oder durch langwierige Zehrkrankheiten benommen und erschöpft ist, sondern das vielmehr die gefährliche Lage beurteilen kann.

Ist der Verstand klar, so wird man beim drohenden Tode auch den *schweren seelischen Schmerz* empfinden, nun vom frohen Leben abscheiden, von Angehörigen und Freunden sich trennen zu müssen, quälend tritt noch die Sorge hinzu, Frau und Kinder unversorgt zu wissen und begonnene Arbeit nicht zu Ende führen zu können.

Der psychische Schreck, die Todesangst sind nicht minder qualvoll, auch wenn sich später herausstellt, daß sie unbegründet gewesen. Ja, im Schlafe beunruhigen uns manchmal solche Angstzustände, die durch das Erleben eines vermeintlichen Sturzes in die Tiefe oder einer anderen lebensbedrohenden Gefahr ausgelöst werden. Nach dem schreckhaften Erwachen brauchen wir längere Zeit bis das Herzklopfen sich beruhigt und bis wir uns wieder zurechtfinden und einsehen, daß kein Grund zu dieser Todesangst vorlag.

Besonders bei nervösen Kindern kommt es vor, daß sie nachts mit einem lauten Schrei (Cri nocturne) aufschrecken und aufspringen und daß es dann Mühe macht, die durch eine traumhafte Gefahr „Pavor nocturnus" auf den Tod Erschrockenen wieder zu beruhigen.

Solche Zustände lehren uns, daß der *Selbsterhaltungstrieb* und damit die *Angst vor der Vernichtung* des Eigenwesens physiologische Vorgänge sind, die nicht von der Vernunft eingegeben oder gar durch die Erziehung und durch „ängst-

lich machen" eingelernt wurden. Finden wir doch den Selbst
erhaltungstrieb und die Angst vor der Vernichtung auch be
Tieren, und können wir sehen, daß ganze Herden von de
Panik, vom Todesschrecken ergriffen werden und sich zu
Flucht wenden.

Wie das Triebleben in der Jugend und auf der Höhe de
Lebens viel lebhafter ist als im Alter, so ist auch die *Angs
vor dem Tode* in diesen Jahren viel stärker als dann, wenn
das Leben im Abklingen ist. Der müde Greis wird sich vor
einer lebensbedrohenden Lage nicht so schrecken lassen wie
das Kind und der in der Vollkraft seines Lebens stehende
Mensch. Im Alter ist man eben nicht mehr zu so lebhafter
Affekten fähig wie in jungen Jahren.

Die Seelenverfassung vor dem drohenden Tode hängt abei
nicht nur von dem Alter der Betroffenen, sondern auch
von ihrer *seelischen Veranlagung* ab. Der Gleichmütige wird
auch dem Tode ruhig ins Auge sehen, während der Ängstliche
schon durch nichtige Ereignisse in Todesangst versetzt wird
Die Stimmungslage bei der Todesgefahr wechselt auch be
demselben Menschen.

Die Begeisterung für eine große Sache kann die Todes
angst nehmen, ja sie kann den Tod leicht machen. In freu
diger religiöser Ekstase haben die Märtyrer ihren Glauber
mit dem Tode besiegelt. Singend wurden unsere Studenter
bei Langemarck vom Kugelregen niedergemäht.

Dulce et decorum est pro patria mori.
(,,Süß und glorreich ist der Tod fürs Vaterland.")

Mit dem Nachlassen der Begeisterung ist mancher vor
denen, die anfänglich gerne bereit waren, sich für das Vater
land zu opfern, vom bleichen Schrecken ergriffen worden
wenn später in seiner Nähe eine Granate einschlug oder wenr
er ein verlaustes Fleckfieberspital übernehmen mußte.

Der Bergsteiger, der kühn und mutig dem Gipfel zustrebt, kann „die Nerven verlieren", und an einer gefährlichen Stelle von der Todesangst ergriffen, verliert er die Herrschaft über seine Muskeln, und mit den schlotternden Gliedmaßen traut er sich weder einen Schritt vor noch rückwärts zu machen.

Am schlimmsten sind aber wohl die Unglücklichen daran, die außer von der Todesangst auch noch von der Schuld gepeinigt werden. Aus den Berichten über die Exekutionen[1] kann man entnehmen, wie sehr die Delinquenten von der Todesangst seelisch und körperlich gebrochen wurden, so daß ihnen die Füße versagten und sie aufs Schaffot geschleppt werden mußten. Ein Feldarzt, der vorn an der Front viel Schreckliches miterlebt hatte, erzählte mir, den fürchterlichsten Eindruck habe auf ihn die Todesangst und die Todesqual eines Spions gemacht, der wegen Verrats erschossen werden sollte.

Die Verhängung der Todesstrafe ist, wie HOCHE[2] richtig schreibt, „eigentlich nur die Verhängung der Strafe der *Todesangst*". Sterben müssen wir Menschen alle, aber beim Tod infolge von Krankheit oder Alter kommt es nicht zur qualvollen Todesangst. SCHILLER[3] läßt einen Räuber, der dem Galgen entkommen ist, ausrufen: „Bei allen Schätzen des Mammons! Ich möchte das nicht zum zweiten Male erleben. *Todesangst ist ärger als Sterben*".

Nachdem wir nun gehört haben, wie sehr der Mensch am Leben hängt und wie sehr der Selbsterhaltungstrieb ihn ver-

---

[1] Das Sterben armer Sünder. Mitteilungen aus der seelsorgerlichen Arbeit des Gefängnispredigers EBERT. Von Pastor PAUL EBERT. Hamburg: Gustav Schloeßmanns Verlagsbuchhandlung (Gustav Fick) 1909.
[2] HOCHE, A.: Vom Sterben. Jena: Gustav Fischer 1919.
[3] SCHILLERS Räuber, zweiter Akt, dritte Szene.

anlaßt allen Gefahren aus dem Wege zu gehen, erscheint e
völlig unverständlich, daß ein Mensch die Angst vor den
Tode überwinden und selbst Hand an sich legen kann. Dazu
werden ihn aber nur schwere seelische Erschütterungen brin
gen, die ihm die Überzeugung aufdrängen, daß „das Leben
nicht der Güter höchstes ist". „Der Übel größtes die Schuld"
und die drohende Sühnung der Schuld: die Strafe und di
mit ihr verbundene Schande veranlaßt den Schuldbewußten
sich dem irdischen Richter zu entziehen und sich das Leben
zu nehmen.

Aus den Lehrbüchern der Geisteskrankheiten erfahren
wir aber, daß in der überwiegenden Mehrzahl der Fälle nich
äußere Ursachen wie Schuld oder Not, sondern daß fas
stets seelische Erkrankungen die letzte Ursache für den Frei
tod sind. Schon die verhältnismäßig seltenen Selbsttötungen
in der Jugend werden von haltlosen psychopathischen und
krankhaft ehrgeizigen Persönlichkeiten vorgenommen. Unte
dem Einfluß seelischer Depressionszustände, wie sie erst in
gereiften Alter vorkommen, wandelt sich die Lebensfreud
in einen Lebensekel, in ein Taedium vitae, die positiven Le
benstriebe in einen negativen *Selbstvernichtungstrieb* um. S
kommt es, daß mit dem Nachlassen der Lebenskraft, mit den
zunehmenden Alter und mit der Zahl der Depressionserkran
kungen auch die Zahl der Selbsttötungen zunimmt. Je grauen
hafter die Art des Selbstmordes ist, desto mehr haben wi
Grund anzunehmen, daß ein *krankhafter Vernichtungstrie*
vorgelegen. Solche Kranke können keinen anderen Grun
für einen Selbstmordversuch angeben, als daß sie aus „Le
bensüberdruß" so gehandelt hätten. Sie haben nicht nu
keine Angst vor dem Tode, sondern empfinden sogar da
lebhafte Bedürfnis, sich das Leben zu nehmen.

BEHRING äußerte mir gegenüber, als ich ihn in einer depressiven Phas
seiner seelischen Erkrankung besuchte, daß kein körperlicher Schmer

mit der Qual des Selbstvernichtungstriebes zu vergleichen sei. Seine ganze Tatkraft müsse er aufwenden, um diesem entgegenzutreten. Es wäre ihm eine Wollust, wenn er sich das Leben nehmen dürfte. Er suchte eine Anstalt auf, damit er daran verhindert würde.

Solche Anfälle von Raptus melancholicus treten bisweilen so plötzlich auf, daß die ärztliche Überwachung überrumpelt wird. Keine Rücksicht auf Stellung, auf Familie oder auf Religion kann die Kranken an der Ausführung der Selbstvernichtung hindern.

Erstaunlicherweise erfolgt der Selbstmord ganz selten auf Grund von chronischen körperlichen Erkrankungen. Man sollte denken, daß bei einer fortschreitenden Lungenschwindsucht mit der Zunahme des Hustens und der übrigen Beschwerden und bei den Zehrkrankheiten wie beim Krebs mit der Zunahme der Entkräftung sich dem Kranken die Überzeugung aufdrängt, daß das Leben nicht mehr lebenswert sei. Die klare Überlegung ergibt, daß das Lebensgeschäft nicht mehr lange aufrechterhalten werden kann. Mit der körperlichen Hinfälligkeit geht aber auch eine geistige Schwäche, ja eine Urteilslosigkeit einher, und in einem schwachsinnigen Optimismus glauben diese Kranken, daß gerade ihr Fall noch Hoffnungen biete. Sie scheuen sich einzugestehen, daß sie sich selbst und der Mitwelt zur Last fallen. Sie sind körperlich und geistig zu elend um sich das lebensunwerte Leben zu nehmen. Wenn hochfiebernde Kranke, wie das beim Typhus oder beim Rotlauf bisweilen vorkommt, durch Sturz aus dem Fenster zugrunde gehen, so sind dafür nicht ruhige Überlegungen, nicht Lebensüberdruß verantwortlich zu machen, sondern Wahn- oder Angstvorstellungen, die aus den Fieberphantasien entsprungen sind.

Wir haben dargelegt, daß die Überwindung der Angst vor dem Tode im Selbstmord in der Regel auf *seelische Erkrankungen*, auf eine Umwandlung des Selbsterhaltungstriebes in den Selbstvernichtungstrieb oder auf Überwertung von auftretenden Schwierigkeiten, so z. B. vor Entdeckung einer Schuld oder einer drohenden Strafe zurückzuführen sind.

Sicherlich hat SHAKESPEARE recht, wenn er *Hamlet* in jenem berühmten Monologe: „Sein oder Nichtsein, das ist die Frage", sagen läßt:

> „Denn wer ertrüg der Zeiten Schmach und Geißel,
> Der Mächtgen Druck, die Kränkungen des Stolzen,
> Verschmähter Liebe Pein, des Rechtes Aufschub,
> Der Ämter Ungebühr und die Verachtung,
> Die still Verdienst von dem Unwürdigen hinnimmt,
> Könnt er sich selber quitt und ledig sprechen
> Mit einem bloßen Dolch? Wer schleppte Lasten
> Und schwitzt und keuchte unter Lebensbürden,
> *Wenn nicht die Furcht vor etwas nach dem Tod —*
> *Dem unbekannten Land, von dessen Ufern*
> *Kein Wandrer wiederkehrt — den Willen irrte,*
> Daß wir die Übel diesseits lieber tragen
> Als dort zu andern unbekannten fliehen?"

Ja, die „*Furcht vor etwas nach dem Tode*" ringt nicht nur dem Selbstmordkandidaten die Waffe aus der Hand, ähnlich wie der Selbsterhaltungstrieb scheint sie dem Menschen eingepflanzt zu sein. Schon bei den niederstehenden Völkern wird den Toten bei der Bestattung eine Wegzehrung mitgegeben. Wohin freilich die Reise geht, in den Hades, in die Unterwelt, in den Himmel oder in die ewigen Jagdgründe oder nach Walhall, darüber geben die verschiedenen Religionen verschiedenen Aufschluß.

Die „Furcht vor etwas nach dem Tode" wird den Sterbenden um so mehr beunruhigen, wenn wie bei der christlichen Religion mit einem letzten Gericht gedroht wird, in dem die Gerechten von den Sündern geschieden und diese der Strafe für ihre Missetat verfallen. So lesen wir bei MATTHÄUS 13, 40-43:

> „Gleich wie man das Unkraut ausjätet und mit Feuer verbrennt, so wird's auch am Ende dieser Welt gehen: Des Menschen Sohn wird seine Engel senden, und sie werden sammeln aus seinem Reiche alle Ärgernisse und die da Unrecht tun und werden sie in den *Feuerofen* werfen; da wird

sein *Heulen* und *Zähneklappern*. Dann werden die Gerechten leuchten wie die Sonne in ihres Vaters Reich."

Von Kindheit an wird den Christen gelehrt sich vor Gottes Zorn, vor der Verdammnis, vor der letzten Abrechnung zu fürchten.

„Erschallt in Deinen Ohren nicht:
Ihr Toten kommet vor *Gericht*."

Oder:

„Getrost gehn Gottes Kinder
Die öde dunkle Bahn,
Zu der verstockte Sünder
Verzweiflungsvoll sich nahn,
Wo selbst der freche Spötter
Nicht mehr zu spotten wagt,
Vor Dir, vor seinem Retter,
Erzittert und *verzagt*."

Über die Angstvorstellungen, die den Sterbenden aus Furcht vor *dem, was nach dem Tode kommt*, quälen, kann der Arzt wohl wenig berichten, da die Kranken sich in dieser Hinsicht ja wohl nur ihrem Seelsorger oder der pflegenden Schwester anvertrauen. Nach Mitteilungen aus diesen Kreisen scheint aber die Sorge vor dem, was nach dem Tode erfolgt, in den meisten Fällen keine sehr beängstigende zu sein. So schreibt mir ein Pfarrer, der lange Jahre der Anstaltsgeistliche eines großen Zuchthauses war: „Nach meinen Beobachtungen setzt der Mehrzahl der Menschen unmittelbar vor dem Sterben die Todesangst nicht in besonders heftigem Maße zu. Bei den meisten Menschen scheint ja", so schreibt mein Gewährsmann, „je näher der Tod kommt, etwas wie eine Lähmung des Innenlebens einzutreten, die sich aus der zunehmenden allgemeinen Apathie erklären wird. Menschen, hinter denen ein verfehltes Leben liegt, geraten, wenn sie dem Gedanken in Kürze sterben zu müssen, nicht mehr ausweichen können, meist in große Erregung und machen dann den Versuch, dem Tode heftigen Widerstand entgegenzusetzen. Halb bewußt, halb unbewußt fürchten sie offenbar eine Bestrafung nach dem Tode. Dabei werden auch bei irreligiösen Naturen die religiösen Eindrücke aus der Kinderzeit auffallend lebendig."

Ein Professor der Theologie, der im Kriege als Feldgeistlicher manche Erfahrung bei tödlich verwundeten Soldaten sammeln konnte, klagte mir, daß ihm die Seelsorge auf dem Schlachtfelde und in den Feld- und Kriegslazaretten manche Enttäuschung gebracht habe. Er hoffte den Sterbenden tröstend zur Seite stehen und sie in christlicher Weise auf den Tod vorbereiten zu können. Die Schwerverwundeten gingen aber sichtlich ungern auf Todesgedanken ein, entweder weil sie zu müde und durch den Blutverlust zu sehr geschwächt waren oder aber weil sie durch körperliche Beschwerden, durch Schmerzen oder durch Durst zu sehr von den letzten Dingen abgelenkt wurden. Sie wollten nichts vom Sterben wissen, aber alle wollten sie hören, daß sie sich von ihren schweren Verletzungen wieder erholen und daß sie in der Heimat wieder gesunden würden.

Ganz ähnliche Erfahrungen machen katholische Geistliche, wenn sie die letzte Ölung vornehmen wollen. Auch streng kirchlich gesinnte Kranke erschrecken vielfach bei dem Vorschlag diese heilige Handlung an sich vollziehen zu lassen. Sie lehnen sie oft mit der Begründung ab sich nicht so schwer krank zu fühlen und noch voller Hoffnung auf Genesung zu sein. Ist hingegen die letzte Ölung vorgenommen worden[1], oder ist bei evangelischen Todkranken das Abendmahl gereicht worden, dann tritt meist eine große

---

[1] In der katholischen Gebetsliteratur spielt die Bitte um Bewahrung vor einem bösen, schnellen Tod „Ab subitanea et improvisa morte" eine große Rolle, denn die letzte Ölung ist unter Umständen das einzige Mittel für die Rettung des Todsünders, wenn dieser in Schwäche das Bußsakrament nicht empfangen kann. Mit dem bösen, schnellen Tod ist im Munde der Evangelischen nicht das sakramentlose, sondern das glaubenslose Sterben gemeint.

seelische Beruhigung ein. Patienten, die vorher mit Gott und dem Schicksal haderten, weil sie so früh von der Erde scheiden müssen, die sich immer noch an die Hoffnung klammerten, die Krankheit möchte sich doch noch zum Besseren wenden, ergaben sich nun in ihr Los und machten sich mit dem Tode vertraut. Die Angst vor „Gottes Zorn", vor der Abrechnung des „letzten Gerichtes"[1] und vor den „Qualen der Hölle" sind nun, nachdem sie sich mit dem Himmel versöhnt haben, geschwunden, und an Stelle des Grauens vor dem Tode tritt die „Heilsgewißheit" und die Hoffnung auf die himmlischen Freuden, auf die Gemeinschaft mit Gott und auf die ewige Seligkeit.

Die Vorbedingung für die Vergebung der Sünden ist nach der Lehre der christlichen Kirche die Reue. Aus einer Studie von P. MATTHÄUS KURZ[2] O. Cist. ist zu entnehmen,

„daß die Wahrscheinlichkeit in ganz plötzlicher Todesgefahr einen Gedanken der Reue zustande zu bringen, rein psychologisch genommen, fast Null ist, weil das überlegte Denken entweder unterbrochen oder aber so sehr auf die Todesgefahr und auf deren Abwendung gerichtet ist, daß die Erweckung der Reue unterbleibt."

„Die Todesgefahr kann lähmend wirken und so die Reueerweckung erschweren oder sie kann aufregend wirken und dadurch die Reueerweckung stören."

Der hier vertretenen Auffassung schließt sich auch Dechant VON DEN DRIESCH in einem Artikel „Nochmals Reue in Todesgefahr" in derselben Zeitschrift[3] an.

---

[1] Solchen Angstzuständen gibt SCHILLER trefflich Ausdruck, wenn er in den Räubern Franz Moor sagen läßt: „Warum schaudert mir so in den Knochen? Sterben! Warum packt mich das Wort so? Rechenschaft geben dem Rächer droben über den Sternen — und wenn er gerecht ist, Waisen und Witwen, Unterdrückte, Geplagte heulen zu ihm rauf, und wenn er gerecht ist? Warum haben sie gelitten?" SCHILLERs Räuber, 5. Akt, 1. Szene.

[2] Theol.-prakt. Quartalsschr. 75, H. 3 (1922).

[3] Theol.-prakt. Quartalsschr. 76, H. 1 (1923). Für die Literaturhinweise bin ich Herrn Kaplan NEUNDÖRFER (Erlangen) zu großem Danke verpflichtet.

Der Autor gesteht ein, daß er dreimal bei Unfällen dem Tode ins Auge gesehen. „Alle dreimal ist es mir ebenso ergangen wie dem Hochw. P. Kurz. Ich dachte nur an den Unfall, sonst erinnere ich mich keines weiteren Gedankens."

Ein evangelischer Geistlicher, den ich über seine Erfahrungen bei der Seelsorge der Sterbenden befragte, äußerte sich folgendermaßen:

„Ich werde vor allem von solchen Leuten gebeten, die einen Trost in ihren letzten Stunden wünschen, und zwar ist es nicht so sehr die natürliche Angst vor dem Sterben, die sie empfinden, als vielmehr das Gefühl, im Laufe ihres Lebens bewußt oder unbewußt Fehler begangen zu haben, durch die sie vor Gott keine Gnade finden könnten. Sie wünschen Trost durch Worte und durch Verabreichung des heiligen Abendmahles um dieser innern Todesangst zu entgehen, um aus dieser Gewissensnot, dieser Anfechtung herauszukommen und nach dem Tode einen barmherzigen Gott, d. h. trotz aller Sünden vor dem letzten Gericht Gnade zu finden. Ich bin der Überzeugung, daß durch einen solch seelsorgerischen Trost die Seelenverfassung des Sterbenden eine ruhigere wird, und daß der Tod nicht mehr die Schrecken für ihn hat, ja, daß er gläubigen Herzens beten kann:

„Hab Dank, mein Tod, Du führest mich,
Ins ewge Leben wandere ich."

Auch die pflegenden Schwestern können sich davon überzeugen, daß nach diesen „Tröstungen der Religion" die Schwerkranken sichtlich zufrieden und manchmal wie verklärt den Tod erwarten: Ein alter Kapuziner-Pater, Beichtvater von schwer tuberkulösen barmherzigen Schwestern berichtete mir, als ich ihn im Krankenzimmer traf, wie heiter und fröhlich diese seine Beichtkinder in den Tod gingen; freilich, so fügte er schmunzelnd hinzu: „sie haben ihn auch nicht zu fürchten".

Auch der auf streng wissenschaftlichem Standpunkt stehende Arzt kann sich dem Eindruck nicht entziehen, daß die Kraft des Glaubens und der Segen der Religion auf die Seelenverfassung der Sterbenden einen beruhigenden Einfluß ausüben und daß diese dadurch imstande sind, die physiologische Angst und das natürliche Grauen vor dem Tode zu überwinden. Vorbedingung freilich ist eine noch klare

Denkfähigkeit. Ist diese infolge von hohem Fieber oder von Zehrkrankheiten oder von Gifteinwirkungen auf das Gehirn verlorengegangen, dann kann auch religiöser Zuspruch keinen Einfluß auf die Seelenverfassung der Sterbenden mehr ausüben.

In der oben angeführten pastoralen Studie „die Reue in Todesgefahr" schreibt P. MATTHÄUS KURZ, daß ihm wohl erinnerlich sei, „in welch müder und gleichgültiger Stimmung er während einer schweren Infektionskrankheit gewesen sei".

Die Erkenntnis der Todesgefahr hatte in diesem Falle die Lethargie noch vermehrt, die mit der Blutzersetzung selber schon verbunden war. Mir war an meinem Leben nichts mehr gelegen, aber nicht bloß der Gedanke an Leben und Sterben hatte seine Kraft über meine Seele eingebüßt, auch der Gedanke an Himmel und Hölle schien seine Wirkung verloren zu haben. Ich mußte mich ganz ernstlich bemühen, diese Abgestumpftheit so weit zu überwinden, daß ich eine nach meinem Urteil genügende Reue zustande brachte.

Die frohe Zuversicht der Gläubigen auf die Herrlichkeiten des Jenseits geht denen, die keinen Unsterblichkeitsglauben haben, verloren. Der beruhigende Einfluß der Religion auf die Seelenverfassung der Sterbenden kann durch eine abgeklärte philosophische Lebensauffassung kaum ersetzt werden. Über das, was nach dem Tode erfolgt, weiß die Philosophie keine Angaben zu machen, ja sie rechnet mit der Gefahr im Nichts dahinzufließen". Daß dann aber zu solchem Sterben Mut gehört, das drückt GOETHE in unübertrefflicher Weise aus, wenn er Faust sagen läßt:

„*Vermesse* Dich die Pforten aufzureißen,
Vor denen jeder gern vorüberschleicht!
Hier ist es Zeit durch Taten zu beweisen,
Daß Manneswürde nicht der Götterhöhe weicht
Vor jener dunklen Höhle nicht zu beben,
In der sich Phantasie zu eigner Qual verdammt,
Nach jenem Durchgang hinzustreben,
Um dessen engen Mund die ganze Hölle flammt.
Zu diesem Schritt sich heiter zu entschließen,
Und wär es mit Gefahr, ins Nichts dahinzufließen."

Für den eitlen, selbstgefälligen und selbstbewußten Menschen ist es freilich eine betrübliche Aussicht, daß von ihm nichts anderes übrig bleiben soll als ein Häuflein Asche und daß auch seine Werke vergänglich sind und bald vergessen werden.

Man kann es Mephistopheles nachfühlen, den GOETHE im zweiten Teil seines Fausts sagen läßt:

„Vorbei! ein dummes Wort.
Warum vorbei'?
Vorbei und reines Nichts, vollkommnes Einerlei.
Was soll uns dann das ewge Schaffen!
Geschaffenes zu nichts hinwegzuraffen.
‚Da ist's vorbei‘. Was ist daran zu lesen?
Es ist so gut als wär es nicht gewesen."

Nur seelisch starke, abgeklärte Menschen werden sich mit dem Gedanken abfinden, daß mit dem Tode das „Ich" unwiderruflich ausgelöscht wird.

Von SCHOPENHAUER lesen wir in der Beschreibung seines Lebens[1], daß er kurz vor dem Tode sich dahin äußerte, „es werde für ihn eine Wohltat sein, zu einem absoluten Nichts zu gelangen", „er werde in dem freudigen Bewußtsein endigen dahin zurückzukehren, von wo er ausgegangen sei und seine Mission vollbracht zu haben."

SOKRATES läßt uns einen Blick tun in seine Seelenverfassung kurz vor seinem Tode. In der Apologie überliefert uns PLATON[2] seine letzten Worte:

„Doch es ist wohl schon Zeit, daß wir gehen, ich zum Tode, ihr zum Leben. Wer aber von uns beiden dem besseren Geschicke entgegengeht, weiß niemand als nur der Gott."

und weiter:

„Aber beten darf und muß ich wohl zu den Göttern, auf daß meine Reise dorthin mir Glück bringe. Und darum flehe ich auch zu ihnen, und ihr Wille soll geschehen. Und damit setzte er den Becher an und trank das Gift aus ohne Mühe und heiter[3]."

---

[1] GWINNER, WILH. V.: Schopenhauers Leben. Leipzig: F. A. Brockhaus 1910.

[2] Apologie/Kriton. Ins Deutsche übertragen von OTTO KIEFER. Jena: Eugen Diederichs 1925.

[3] PLATONS Phaidon. Ins Deutsche übertragen von RUDOLF KASSNER. Jena: Eugen Diederichs 1922.

SOKRATES sprach also von einer „Reise" ins unbekannte Land. Daß auch GOETHE nicht mit einer endgültigen Vernichtung des Geistes gerechnet hat, das geht aus einem seiner Gespräche mit ECKERMANN hervor:

„Wenn einer 75 Jahre als ist, kann es nicht fehlen, daß er mitunter an den Tod denkt. Mich läßt dieser Gedanke in völliger Ruhe, denn ich habe die feste Überzeugung, daß unser Geist ein Wesen ist ganz unzerstörbarer Natur. Er ist ein Fortwirkendes von Ewigkeit zu Ewigkeit, er ist der Sonne ähnlich, die bloß unseren irdischen Augen unterzugehen scheint, die aber eigentlich nie untergeht, sondern unaufhörlich fortleuchtet."

Solche Worte und Darlegungen wie „Auflösung der Persönlichkeit und Aufgehen derselben im Weltgeist" bringen freilich den meisten Sterbenden keinen Trost. Sie werden nicht darüber hinweggetäuscht, daß sie vor dem Sprung ins Ungewisse, vor der ewigen Nacht, vor dem Nichts stehen, es sei denn, sie hätten sich die GOETHEsche Auffassung zu eigen gemacht, daß der Tod nur eine „Wandlung zu höheren Wandlungen" sei.

„Und solang Du das nicht hast,
Dieses: Stirb und *werde*!
Bist Du nur ein trüber Gast
Auf der dunklen Erde[1]."

Ein Mensch, der weniger in sich gefestigt ist, wird vielleicht dann, wenn der Tod mit seinem knochigen Finger winkt, vielfach mit einer Überzeugung, die er in gesunden Tagen mutig vertreten, brechen und zu dem Glauben seiner Väter, der ihm im Elternhause und in der Schule gelehrt wurde, reumütig zurückkehren. Für die Seelsorge, d. h. für den beruhigenden Einfluß auf den seelischen Zustand der Sterbenden leistet die Philosophie wenig. Tod und Sterben steht, solange der Mensch denken kann, in inniger Beziehung mit religiösen Vorstellungen, und die Kirche hat die physiologische Todesangst auch in ihrem Sinne verwertet.

---

[1] West-östlicher Divan.

Über den seelischen Zustand kurz *vor* dem Tode können wir Ärzte manche Erfahrung sammeln. Doch dringen wir mit unserer Forschung über die Psychologie der Moribunden nur *nahe* bis zur Linie des Todes vor und nicht darüber hinaus. *Der Naturwissenschaftler ist nicht in der Lage, sich ein Fortleben der Seele ohne Gehirn vorzustellen.* Nach unserer wohl zu begründenden Überzeugung sind alle seelischen Vorgänge, ist alles Denken, Fühlen und Wünschen an die nervöse Substanz des Gehirns gebunden. Der Psychologe könnte auch keine Auskunft darüber geben, *wann* denn die Psyche beim Sterben den Körper verläßt, ob dies erst mit dem letzten Atemzuge und mit dem Aufhören der Herztätigkeit der Fall ist oder schon bei dem vorangehenden Verlust des Bewußtseins. Würde er sich für den letzteren Zeitpunkt aussprechen, so müßte er dann aber zugeben, daß die Seele bei einem erfolgreichen Wiederbelebungsversuch in den Körper zurückkehrt.

Der Mensch, der die kleine Erde als den Mittelpunkt der Welt wähnt, um den sich die Gestirne bewegen, kann und will sich eben nicht zugestehen, daß mit dem Tode des Körpers auch das Lebenslicht seiner Seele erlischt. Der in ihm eingepflanzte Selbsterhaltungstrieb läßt ihn hoffen, daß nach Hinsterben des Leibes das Wertvollste an ihm, die Persönlichkeit, das „Ich" in irgendeiner geistigen Form erhalten bleibt und sich in die lichten Höhen des Himmels erhebt. Der Wunsch des Menschen nach einer Wiedervereinigung mit den Seinen läßt ihn auf den Grabstein „Auf Wiedersehen" meißeln.

Wer als Arzt an manchem Sterbebette gestanden und wer dort über die körperlichen und seelischen Vorgänge der Sterbenden Erfahrungen sammeln konnte[1], *der muß der Auf-*

---

[1] Meinen Mitarbeitern an der Med. Klinik in Erlangen, insbesondere Herrn Privatdoz. Dr. FERDINAND HOFF und der leitenden Schwester

fassung entgegentreten, daß bei Kranken der Übergang vom Leben zum Tode mit körperlichen Qualen und mit seelischen Angstzuständen verbunden ist.

Mit den übrigen Lebenstrieben, mit dem Durst und mit dem Hunger *läßt* auch der *Selbsterhaltungstrieb nach*. Der Todkranke ist *körperlich* zu erschöpft, um den Kampf auf Leben und Tod noch weiter durchfechten zu wollen. Mit den übrigen Organen leidet aber in dem kranken Körper auch das Gehirn und damit die *Seelenverfassung*. Der Sterbende ist nicht mehr imstande seine Lage klar beurteilen zu können oder gar Folgerungen aus ihr zu ziehen. Das Gehirn ist zu müde um noch gemütliche Erregungen aufzubringen. Im Gegensatz zu den umstehenden Angehörigen, die ihre Gemütserregungen meist nicht verbergen können, verbleibt der Todkranke selbst *affektlos*. In dem geschädigten Gehirn werden die Schmerzen und die Beschwerden wie die Atemnot nicht mehr empfunden. Damit lassen die *körperlichen* Qualen nach. Der vordem schmerzverzerrte Gesichtsausdruck weicht mit dem Eintreten der Euphorie ruhigen, friedlichen, ja „verklärten" Zügen.

Ruhebedürfnis und Gleichgültigkeit der Todkranken gehen schließlich in Trübung des Bewußtseins über. Unter Lockerung der Zusammenhänge der Gedanken kommt es zur Schwerbesinnlichkeit, zur Verworrenheit und endlich zur völligen Bewußtlosigkeit. Durch die tödliche Krankheit wird das Gehirn derart geschädigt, daß es zu keinen Leistungen, zu keinen Empfindungen und zu keinem Gedanken mehr fähig ist. So wird der Übergang vom Leben zum Nichtsein der Persönlichkeit niemals „erlebt".

GRETE WITTENBECK, bin ich für manche Beobachtungen, die ich in der vorliegenden klinischen Studie verwerten konnte, zu warmem Danke verpflichtet. Über die körperlichen Vorgänge beim Sterben habe ich in der Münch. med. Wschr. 1930, Nr. 47 berichtet. (L. R. M.: Über das Aufhören der Lebeninnervation.)

Von den Angehörigen, die durch die Erscheinungen der Agone wie durch das Trachealrasseln oder durch das Stöhnen, das Verzerren des Gesichtes und die angestrengte Atmung beunruhigt werden, wird der Arzt wohl manchmal gebeten das Sterben zu erleichtern. Die allgütige, auch für die sterbenden Lebewesen noch sorgende Natur, oder besser der Geist, der die Naturgesetze geschrieben, weiß aber selbst durch das Nachlassen der Beschwerden und durch die Trübung und Aufhebung des Bewußtseins alle körperliche Todesqual und alle seelische Todesangst auszuschalten und damit Euthanasie zu erzeugen.

So reicht der Tod dem abgekämpften Menschen beim Sterben als *wohlwollender* und *wohltuender Freund* die Hand um ihn schmerzlos in das Reich des ewigen Schweigens zu geleiten.

Verlag von Julius Springer / Berlin

Lebensnerven und Lebenstriebe. Dritte, wesentlich erweiterte Auflage des „Vegetativen Nervensystems". In Gemeinschaft mit Fachgelehrten dargestellt von Dr. **L. R. Müller,** Professor der Inneren Medizin, Vorstand der Inneren Klinik in Erlangen. Mit 636 zum Teil farbigen Abbildungen und 2 farbigen Tafeln. XII, 991 Seiten. 1931. RM 96.—; gebunden RM 99.80

Über die Altersschätzung bei Menschen. Akademische Antrittsrede bei der Übernahme der Professur für Innere Medizin in Erlangen gehalten von Dr. **L. R. Müller,** Professor der Inneren Medizin, Vorstand der Inneren Klinik in Erlangen. Mit 87 Textabbildungen. IV, 62 Seiten. 1922. RM 3.35

Charakter und Umwelt. Von **Hermann Hoffmann,** a. o. Professor für Psychiatrie und Neurologie an der Universität Tübingen. IV, 106 Seiten. 1928. RM 5.60

Das Problem des Charakteraufbaus, seine Gestaltung durch die erbbiologische Persönlichkeitsanalyse. Von **Hermann Hoffmann,** a. o. Professor für Psychiatrie und Neurologie an der Universität Tübingen. VIII, 194 Seiten. 1926. RM 12.—

Vererbung und Seelenleben. Einführung in die psychiatrische Konstitutions- und Vererbungslehre. Von **Hermann Hoffmann,** a. o. Professor für Psychiatrie und Neurologie an der Universität Tübingen. Mit 104 Abbildungen und 2 Tabellen. VI, 258 Seiten. 1922. RM 8.50

Seele und Leben. Grundsätzliches zur Psychologie der Schizophrenie und Paraphrenie, zur Psychoanalyse und zur Psychologie überhaupt. Von Professor Dr. med. et phil. **Paul Schilder,** Wien. Mit 1 Abbildung. IV, 200 Seiten. 1923. RM 9.70
Bildet Band 35 der „Monographien aus dem Gesamtgebiete der Neurologie und Psychiatrie".

Die Bezieher der „Zeitschrift für die gesamte Neurologie und Psychiatrie" und des „Zentralblattes für die gesamte Neurologie und Psychiatrie" erhalten die „Monographien" mit einem Nachlaß von 10%.

Das Unterbewußtsein. Eine Kritik von **Oswald Bumke,** München. Zweite, verbesserte Auflage. 62 Seiten. 1926. RM 2.40

Allgemeine Psychopathologie für Studierende, Ärzte und Psychologen. Von **Karl Jaspers,** o. ö. Professor der Philosophie an der Universität Heidelberg. Dritte, vermehrte und verbesserte Auflage. XVI, 458 Seiten. 1923. Gebunden RM 14.—

Geniale Menschen. Von **Ernst Kretschmer,** o. Professor für Psychiatrie und Neurologie in Marburg. Mit einer Porträtsammlung. Zweite Auflage. VII, 260 Seiten. 1931. Gebunden RM 15.—

Verlag von Julius Springer / Berlin und Wien

Allgemeine Physiologie. („Handbuch der normalen und pathologischen Physiologie", 1. Band.) Mit 119 Abbildungen. XII, 748 Seiten. 1927. RM 64.—; gebunden RM 69.60

Inhaltsübersicht:

Definition des Lebens und des Organismus. Von Professor Dr. Jakob von Uexküll, Hamburg. — Übersicht über die chemischen Systeme des Organismus und ihre Fähigkeit, Energie zu liefern. Von Professor Dr. Werner Lipschitz, Frankfurt a. M. — Die Fermente. Von Professor Dr. Peter Rona, Berlin. — Die physikalische Chemie der kolloiden Systeme. Von Dr. Georg Ettisch, Berlin-Dahlem. — Allgemeine Energetik des tierischen Lebens (Bioenergetik). Von Professor Dr. H. Zwaardemaker, Utrecht. — Erregbarkeit, Reiz- und Erregungsleitung, allgemeine Gesetze der Erregung. Von Professor Dr. Philipp Broemser, Basel. — Allgemeine Lebensbedingungen. Von Professor Dr. August Pütter, Heidelberg. — Der Stoffaustausch zwischen Protoplast und Umgebung. Von Professor Dr. Rudolf Höber, Kiel. — Ionenwirkungen und Antagonismus der Ionen. Von Professor Dr. Heinrich Reichel, Wien und Professor Dr. Karl Spiro, Basel. — Die Narkose und ihre allgemeine Theorie. Von Geheimrat Professor Dr. Hans Horst Meyer, Wien. — Protoplasmagifte. Von Professor Dr. Heinrich Reichel, Wien und Professor Dr. Karl Spiro, Basel. — Die funktionelle Bedeutung der Zellstrukturen mit besonderer Berücksichtigung des Kernes und seiner Rolle im Leben der Zelle. Von Professor Dr. Günther Hertwig, Rostock i. M. — Arbeitsteilung bei „höheren" Organismen. Von Professor Dr. Otto Steche, Leipzig. — Parasitismus und Symbiose. Von Professor Dr. Otto Steche, Leipzig. — Die Einpassung. Von Professor Dr. Jakob von Uexküll, Hamburg. — Kreislauf der Stoffe in der Natur. Von Professor Dr. Karl Boresch, Prag, Tetschen-Liebwerd. — Sachverzeichnis.

Theoretische Biologie. Von J. Uexküll. Zweite, gänzlich neu bearbeitete Auflage. Mit 7 Abbildungen. X, 253 Seiten. 1928. RM 15.—; gebunden RM 16.80

Theoretische Biologie vom Standpunkt der Irreversibilität des elementaren Lebensvorganges. Von Professor Dr. Rudolf Ehrenberg, Privatdozent für Physiologie an der Universität Göttingen. VI, 348 Seiten. 1923. RM 9.—

Das Leben. Sein Wesen, sein Ursprung und seine Erhaltung. Von Dr. E. A. Schäfer, Professor der Physiologie an der Universität Edinburgh. Autorisierte Übersetzung aus dem Englischen von Charlotte Fleischmann. V, 67 Seiten. 1913. RM 2.50

Gesetzlichkeit des Lebens. Vortrag anläßlich der Jahressitzung der Gesellschaft der Ärzte in Wien am 21. März 1924. Von Professor Dr. Hans H. Meyer. („Aus den Vorträgen der Gesellschaft der Ärzte in Wien.") 16 Seiten. 1924. RM —.40

Gedanken zur Naturphilosophie. Von Professor Dr. med. et phil. Paul Schilder, Wien. V, 127 Seiten. 1928. RM 7.80

Psychologie der Weltanschauungen. Von Karl Jaspers, o. ö. Professor der Philosophie an der Universität Heidelberg. Dritte, gegenüber der zweiten unveränderte Auflage. XIII, 486 Seiten. 1925. RM 15.—; gebunden RM 16.50

Biologie und Philosophie. Öffentlicher Vortrag, gehalten in der Kaiser Wilhelm-Gesellschaft zur Förderung der Wissenschaften, Berlin, am 17. Dezember 1924.) Von Professor Dr. Max Hartmann, Berlin-Dahlem. V, 53 Seiten. 1925. RM 2.40

If you have any concerns about our products,
you can contact us on
ProductSafety@springernature.com

In case Publisher is established outside the EU,
the EU authorized representative is:
**Springer Nature Customer Service Center GmbH
Europaplatz 3, 69115 Heidelberg, Germany**

Printed by Libri Plureos GmbH
in Hamburg, Germany